幼兒全方位
智能開發

3-4歲

U0114818

數學篇

顏色和形狀

園丁文化

認識紅色

● 請把下面的英文詞彙填上紅色。

● 請圈出紅色的物件。

A.

B.

C.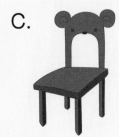

D.

E.

答案：A、B、D

2

認識黃色

● 請把下面的英文詞彙填上黃色。

黃
yellow

YELLOW

● 請圈出黃色的物件。

A.

B.

C.

D.

E.

答案：B、D、E

3

認識藍色

● 請把下面的英文詞彙填上藍色。

藍
blue

BLUE

● 請圈出藍色的物件。

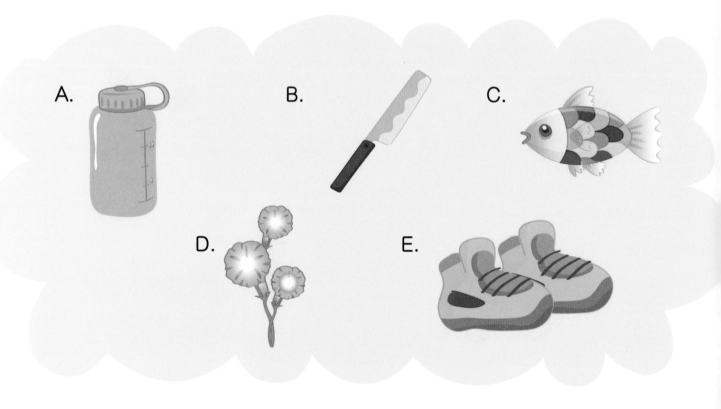

A.

B.

C.

D.

E.

分辨顏色
紅、黃、藍

● 數一數，每種顏色的禮物各有多少份呢？請在 ☐ 內填上正確的數字。

紅色禮物：☐　　黃色禮物：☐

藍色禮物：☐

答案：紅色禮物：2　黃色禮物：1　藍色禮物：3

● 請依以下的指示，把下圖填上正確的顏色，然後看看出現了什麼吧。

Y：　　　　　B：　　　　　R：

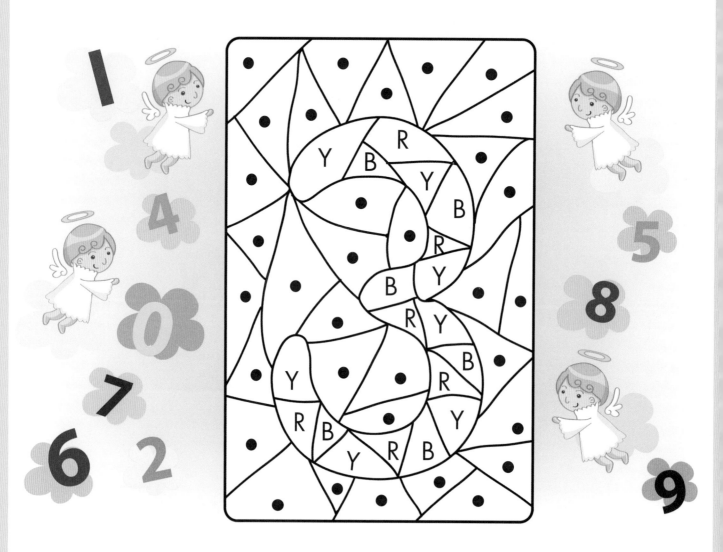

答案

認識橙色

● 請把下面的英文詞彙填上橙色。

橙
orange

ORANGE

● 請圈出橙色的物件。

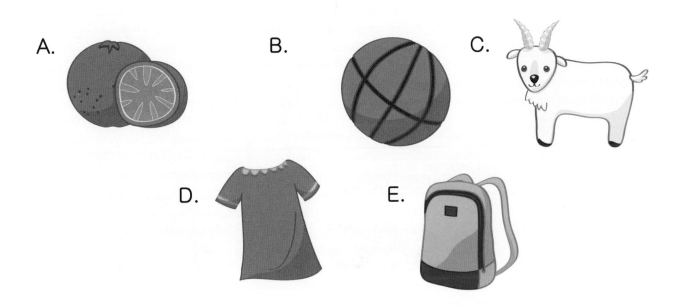

A.

B.

C.

D.

E.

答案：A、B、D

7

認識綠色

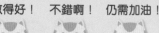

● 請把下面的英文詞彙填上綠色。

綠
green

GREEN

● 請圈出綠色的物件。

A.　　　　　B.　　　　　C.

D.　　　　　E.

解答：B、C、E

8

認識紫色

● 請把下面的英文詞彙填上紫色。

紫
purple

PURPLE

● 請圈出紫色的物件。

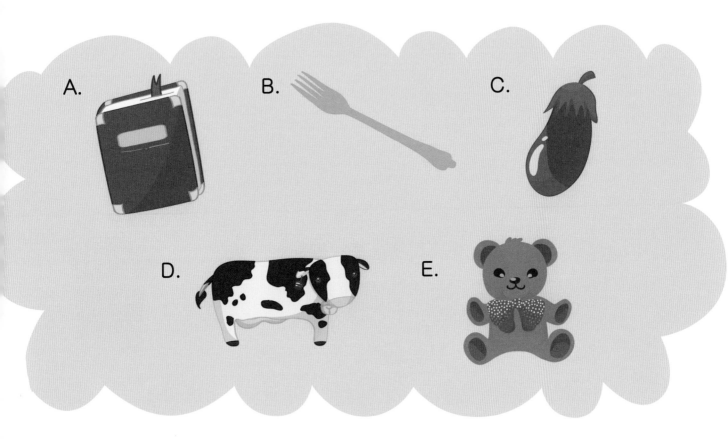

A.

B.

C.

D.

E.

答案：A、C、E

分辨顏色
橙、綠、紫

● 派對結束後，留下很多空瓶子。請根據瓶子的顏色，用線把它們與相同顏色的垃圾桶連起來。

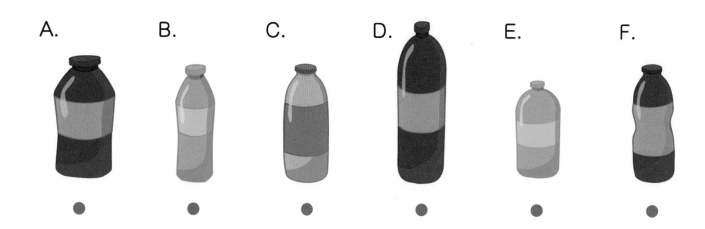

A.　　B.　　C.　　D.　　E.　　F.

1.　　　　　2.　　　　　3.

答案：1.C　2.B,E　3.A,D,F

溫習顏色
橙、綠、紫

● 小軒想去遊樂場，但不知道該怎麼走，請依下面提示的顏色順序，畫出正確的路線，帶小軒到遊樂場去吧。

提示：橙 → 綠 → 紫

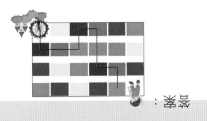

答案：

● 小雅一家準備去旅行。請根據小雅的話，找出她需要的衣物，然後圈出代表圖畫的英文字母。

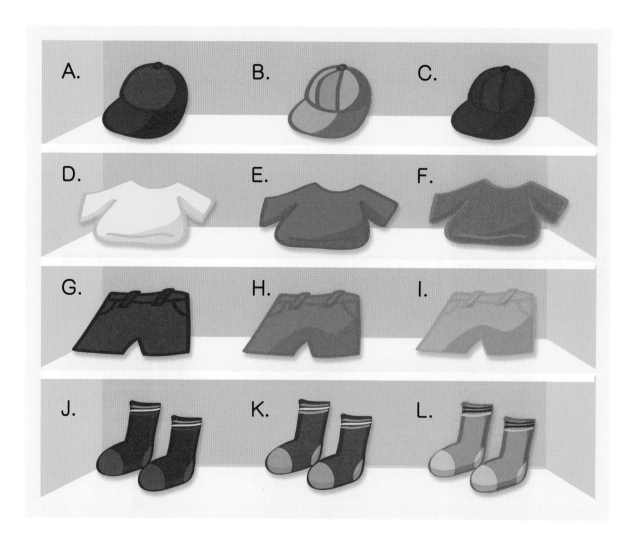

我要帶：紅色帽子、橙色T恤、藍色褲子和紫色襪子。

● 潛水艇的「色彩能量」用完了。請根據 外框的顏色，把 填上正確的顏色。

答案：

三角形
triangle

● 下圖中有兩間小屋的三角形屋頂不見了，請沿灰線補畫出三角形屋頂，然後填上你喜歡的顏色。

正方形
square

● 小偉正在玩積木。請沿灰線補畫出兩個正方形積木，然後填上你喜歡的顏色。

長方形
rectangle

● 下圖中每層書架都有 1 本長方形的書不見了，請沿灰線補畫出長方形的書，然後填上你喜歡的顏色。

圓形
circle

● 小欣在玩吹泡泡，很開心呢！請在下圖中沿灰線補畫一些圓形的泡泡，
然後填上你喜歡的顏色。

形狀對對碰

● 下面的食物是什麼形狀呢？請用線把它們和正確的形狀連起來。

1.
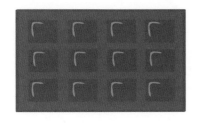
●

A.
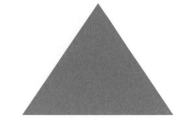
●

2.

●

B.

●

3.
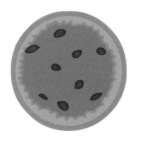
●

C.

●

4.

●

D.

●

答案：1.C 2.A 3.D 4.B

找圖形

● 繁忙的街道上隱藏着不同形狀的東西。請依下面方框內的指示，在下圖中圈出正確的圖形。

1 個正方形　　2 個三角形

6 個圓形　　　7 個長方形

（請參考答案）

答案：

19

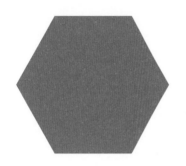

六邊形
hexagon

● 小蜜蜂的房子是由很多個六邊形組成的。數一數，圖中共有多少個六邊形？請在 ☐ 內填上正確的數字。

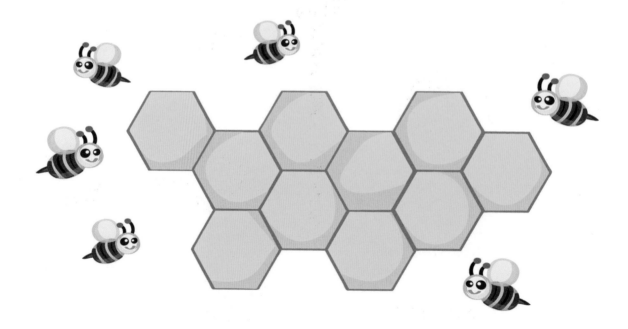

共有六邊形：☐

菱形
diamond

● 請圈出菱形的物件。

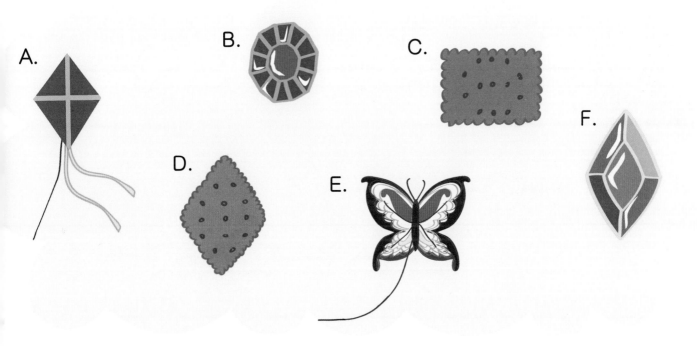

A.

B.

C.

D.

E.

F.

星形
star

● 小猴子肚子餓了。請把星形圖案填上顏色，帶小猴子找到牠愛吃的食物吧。

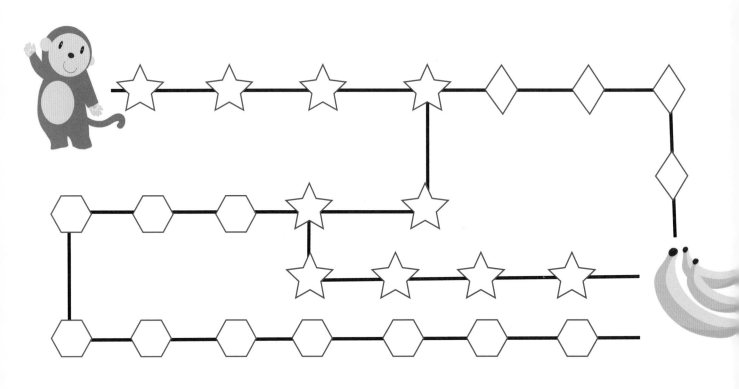

：案答

認識心形

心形
heart

● 雯雯想畫一張母親節卡送給媽媽。請幫雯雯在卡上畫出 5 個不同大小的心形，然後填上你喜歡的顏色。

母親節快樂

物品上的圖形

● 你能從下面的物品中找到什麼圖形呢？請用線把物品和對應的圖形連起來。

1.

A.

2.

B.

3.

C.

4.

D.

答案：1.C 2.A 3.D 4.B

找圖形

● 數一數，下圖中分別有多少個六邊形、菱形、星形和心形呢？請在 ☐ 內填上正確的數字。

六邊形：☐　　　菱形：☐

星形：☐　　　心形：☐

解答：六邊形：4　菱形：6　星形：5　心形：4

25

小明畫了很多不同形狀的笑臉。請依下面的指示，把笑臉填上正確的顏色。

:案答

分辨形狀（二）

請依下面的指示，把圖畫填上正確的顏色，然後看看出現了什麼。

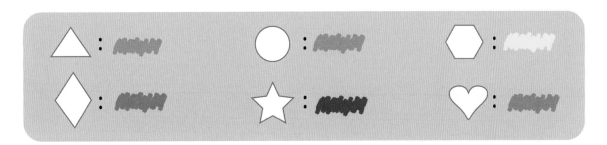

答案：

27

分辨顏色和形狀（一）

富翁把寶箱放到火車上，請根據富翁的話，找出寶箱放在哪一列火車上，然後在正確答案的 ☐ 內加 ✓。

1.

2.

3.

我的寶箱放在車身印着橙色六邊形、紫色星形和綠色長方形的火車上。

答案：3

28

分辨顏色和形狀（二）

貨架上有些貨品放錯了位置。請依貨架上的分類指示，在放錯的貨品上加 ✗。

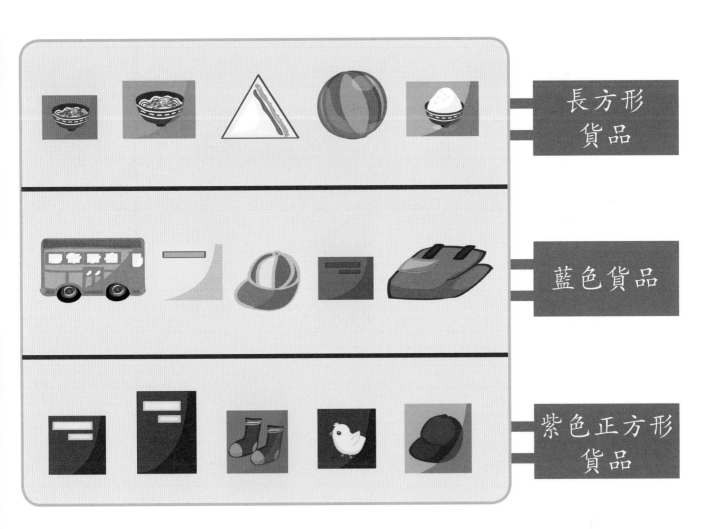

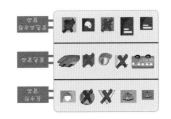

答案：

29

温習顏色和形狀（一）

● 王老師正在做壁報，請根據她的指示，幫助她完成壁報吧。

小朋友，請在男孩的頭上加畫一頂三角形的藍色帽子。在船身上加畫 3 個圓形的救生圈，分別是綠色、橙色和紫色的。

答案：

30

温習顏色和形狀（二）

彤彤生病了，她需要吃哪些藥呢？請根據彤彤的話，把她需要吃的藥圈起來。

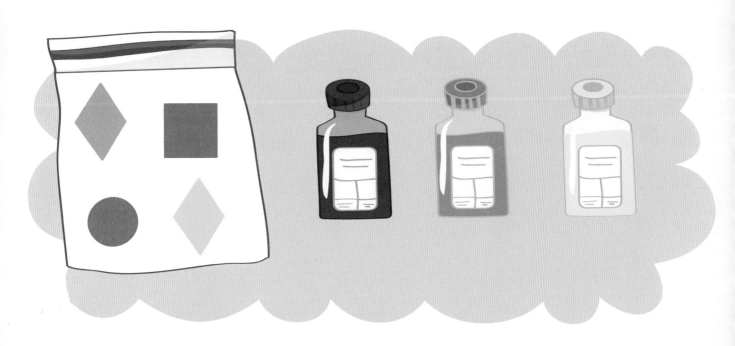

醫生開給我的藥是：橙色藥水、黃色菱形藥丸和藍色圓形藥丸。

：案答

温習顏色和形狀（三）

小明畫了一座城堡，你能從城堡中找到哪些圖形呢？請在右面的選項中把你找到的圖形圈起來。

小提示　　顏色和形狀都要相配呀！

答案：